EXPOSITION

ABRÉGÉE

DE LA THÉORIE SUR LA STRUCTURE

DES CRYSTAUX.

PAR M. HAUY.

Extrait du Journal d'Histoire Naturelle, rédigé par MM. Lamarck, Bruguière, Olivier, Haüy et Pelletier.

A PARIS,

CHEZ les Directeurs de l'Imprimerie du Cercle Social, rue du Théâtre-François, N°. 4.

1792.

EXPOSITION ABRÉGÉE

De la théorie sur la structure des Crystaux.

Les différens articles relatifs à la cristallisation que je me propose de publier, dans ce journal, à mesure que l'observation amenera de nouveaux faits, me donneront lieu de faire connoître aussi de nouvelles applications de la théorie que j'ai publiée, il y a quelques années, sur les loix auxquelles est soumise la structure des crystaux (1). J'ai cru, en conséquence, qu'il ne seroit pas inutile de préparer ici, en quelque sorte, ces applications, et de mettre, ceux qu'elles pourroient intéresser, sur la voie pour les bien concevoir, en reprenant la suite des principes sur lesquels est fondée la théorie dont il s'agit.

Les recherches successives que j'ai faites pour étendre et perfectionner cette théorie, l'ont élevée à un degré de généralité, dont je ne l'avois pas crue d'abord susceptible, mais qui ne peut être bien saisi qu'à l'aide du calcul analytique (2).

(1) Essai d'une théorie sur la structure des crystaux. Paris, 1784.

(2) Voyez les Mém. de l'Ac. des Sc. an. 1790.

Outre le mérite qu'a l'analyse d'envelopper, dans une seule formule, les solutions d'une multitude de problêmes différens, elle peut seule imprimer à la théorie le caractère de la certitude, en parvenant à des résultats parfaitement d'accord avec ceux que donne l'observation. Malgré ces considérations, j'ai cru devoir préférer ici une exposition raisonnée de cette même théorie; et me borner à donner une idée des loix qui lui servent de bases, en rendant sensibles les effets de ces loix par des constructions faciles à saisir; c'est-à-dire, par des figures accompagnées d'explications propres à faire concevoir l'arrangement respectif des petits solides qui concourent à former un même crystal. C'est cet arrangement que j'appelle *structure*, par opposition au terme d'*organisation*, qui exprime le mécanisme beaucoup plus composé que présente l'intérieur des animaux et des plantes. Si cette marche est beaucoup moins directe, moins expéditive et moins rigoureuse, si elle exige que l'attention se fixe sur des détails que le calcul franchit, pour aller rapidement à son but, elle a du-moins cet avantage, que l'esprit par son moyen apperçoit mieux les rapports qui lient entr'elles les différentes parties de l'ensemble qu'il considère, et se rend plus aisément compte à lui-même des connoissances auxquelles il est parvenu (1).

I. *Division mécanique des crystaux.*

On sait qu'une même substance minérale est susceptible de plusieurs formes diverses toutes bien déterminées, et dont quelques-unes ne présentent, au premier aspect, aucun point commun qui paroisse indiquer leur rapprochement. Si l'on compare, par exemple, le Spath calcaire en prisme héxaëdre régulier avec le rhomboïde (2) du même Spath, dont le grand angle plan est d'environ 101^{d} $\frac{1}{2}$, on sera tenté de croire d'abord que chacune de ces deux formes est entièrement étrangère à l'égard de l'autre. Mais ce point de réunion qui échappe, lorsqu'on se borne à la considération de la forme extérieure, devient sensible dès qu'on pénètre dans le mécanisme intime de la structure Car si l'on essaie d'entamer le prisme héxaëdre, en suivant les

(1) Je me propose de réunir les avantages des deux méthodes dans un ouvrage particulier, où j'essaierai de présenter la minéralogie sous tous les points de vue qui peuvent concourir à en faire une véritable science.

(2) J'appelle *rhomboïde* un solide terminé par six rhombes égaux et semblables.

joints naturels des lames qui le composent, on parviendra à en extraire un rhomboïde entièrement semblable à celui dont nous avons parlé.

Supposons que *abef* (pl. 9, fig. 1.) représente ce prisme. On trouvera que, parmi les six arêtes *in*, *nc*, *cb*, etc. de la base supérieure, il y en a trois qui se prêtent à la division mécanique. Soit *in* une de ces dernières arêtes. La division se fera suivant un plan *psut*, incliné de 45^d, tant sur la base *abcnih*, que sur le pan *inef*. Les deux arêtes *bc*, *ah*, admettront des divisions analogues à la précédente, sans qu'il soit possible d'en opérer de semblables sur les trois arêtes intermédiaires *cn*, *ab*, *ih*.

Ce sera tout le contraire par rapport à la base inférieure *gfedrk*. Car les arêtes de cette base qui admettront des divisions, seront opposées aux arêtes non divisibles de l'autre base ; c'est-à-dire que ce seront les arêtes *de*, *gf*, *kr*. Le plan *lgyv* représente la section faite sur cette dernière arête. On aura donc six plans mis à découvert par les sections, et si l'on continue de diviser toujours parallèlement à ces sections, jusqu'à ce que toutes les faces du prisme hexaèdre aient disparu, on arrivera au rhomboïde, qui est comme le noyau de ce prisme.

Tout autre crystal calcaire, divisé mécaniquement, donnera le même résultat; il ne s'agit que de trouver le sens des coupes qui conduisent au rhomboïde central. Par exemple, pour extraire ce rhomboïde du Spath calcaire, nommé vulgairement lenticulaire, et qui est lui-même un rhomboïde beaucoup plus obtus, ayant son grand angle plan de 114^d 18′ 56″, on partira des deux sommets, en faisant passer les sections sur les petites diagonales des faces (1). S'il s'agit, au contraire, du Spath rhomboïdal à sommets aigus, on dirigera les plans coupans parallèlement aux arêtes contigues aux sommets, et de manière que chacun d'eux soit également incliné sur les deux faces qu'il coupera (2).

Si l'on prend un crystal d'une autre nature, tel qu'un cube de Spath fluor, le noyau aura une forme différente. Ce sera, dans le cas présent, un octaëdre, auquel on parviendra, en abattant les huit angles solides du cube (3). Le Spath pesant produira, pour noyau, un prisme droit à bases rhombes (4), le Feld-Spath un parallélipipède obliqu'angle, mais non rhomboïdal (5),

(1) Essai d'une théorie, etc. pag. 78.

(2) *Ibid.* pag. 109.

(3) *Ibid.* pag. 52.

(4) *Ibid.* pag. 121.

(5) Mém. de l'acad. des sciences, an. 1784, pag. 237.

l'apatite ou le beril un prisme droit hexaëdre, le Spath adamantin un rhomboïde un peu aigu, la blende un dodécaëdre à plans rhombes, le fer de l'Isle-d'Elbe un cube, etc. et chacune de ces formes sera constante, relativement à l'espèce entière, ensorte que ses angles ne subiront aucune variation qui soit apréciable, et que, si l'on essaie de diviser le crystal dans tout autre sens, on ne pourra plus saisir aucun joint : on n'obtiendra que des fragmens indéterminés ; on brisera en un mot plutôt que de diviser.

Ces solides inscrits chacun dans tous les crystaux d'une même espèce, doivent être regardés comme les véritables formes primitives dont toutes les autres formes dépendent. J'avoue que tous les minéraux ne sont pas susceptibles d'être divisés mécaniquement. Il y en a cependant un beaucoup plus grand nombre qui s'y prêtent que je ne l'avois pensé d'abord, et quant aux crystaux qui se sont montrés rebelles jusqu'ici aux efforts que j'ai faits pour y trouver des joints naturels, j'ai remarqué que leur surface striée dans un certain sens, ou même le rapport de leurs différentes formes, parmi ceux qui appartiennent à une même substance, offroient souvent des indices de leur structure, et qu'en raisonnant d'après l'analogie avec d'autres crystaux divisibles, on pouvoit déterminer cette structure, au moins avec une grande vraisemblance.

J'appelle *formes secondaires* toutes celles qui diffèrent de la forme primitive : nous verrons dans la suite que le nombre de ces formes a une limite que la théorie peut déterminer, d'après les loix auxquelles est soumise la structure des crystaux.

Le solide de forme primitive que l'on obtient, à l'aide de l'opération que nous avons exposée, peut être sous-divisé parallèlement à ses différentes faces. Toute la matière enveloppante est pareillement divisible par des sections parallèles aux faces de la forme primitive. Il suit de là que les parties détachées, à l'aide de toutes ces sections, sont similaires, et ne diffèrent que par leur volume, qui va en diminuant, à mesure que l'on pousse la division plus loin. Il en faut excepter celles qui avoisinent les faces du solide secondaire. Car ces faces n'étant point parallèles à celles de la forme primitive, les fragmens, qui ont une de leurs facettes prise dans ces mêmes faces, ne peuvent ressembler entièrement à ceux que l'on détache vers le milieu du crystal. Par exemple, les fragmens du prisme hexaèdre, fig. 2, dont les facettes extérieures font partie des bases ou des pans, n'ont point à cet égard la même figure que ceux qui sont situés plus près du centre, et dont toutes les facettes sont parallèles aux coupes *psut*, *lqyv*, etc. Mais la théorie, ainsi que nous le dirons, fait disparoître l'embarras qui naît, au premier abord, de cette diversité, et réduit tout à l'unité de figure.

Or, la division du crystal en petits solides similaires a un terme, passé lequel on arriveroit à des particules si petites, qu'on ne pourroit plus les diviser, sans les analyser, c'est-à-dire, sans détruire la nature de la substance. Je m'arrête à ce terme, et je donne à ces corpuscules que nous isolerions, si nos organes et nos instrumens étoient assez délicats, le nom de *molécules intégrantes*. Il est très-probable que ces molécules sont les mêmes qui étoient suspendues dans le fluide où s'est opérée la crystallisation. Au reste, elles seront tout ce qu'on voudra. Toujours est-il vrai de dire, qu'à l'aide de ces molécules, la théorie ramène à des lois simples les différentes métamorphoses des crystaux, et parvient à des résultats qui représentent exactement ceux de la nature; ce qui est l'unique but auquel je me sois proposé d'atteindre.

Lorsque le noyau est un parallélipipède, c'est-à-dire, un solide qui a six faces parallèles deux à deux, comme le cube, le rhomboïde, etc., chaque ce solide n'admet point d'autres divisions que celles qui se font dans le sens de ses faces, il est clair que les molécules qui résultent de la sous-division, tant du noyau que de la matière enveloppante, sont semblables à ce noyau. Dans les autres cas, la forme des molécules diffère de celle du noyau. Il y a aussi des crystaux qui rendent, à l'aide de la division mécanique, des particules de diverses figures, combinées entre elles dans toute l'étendue de ces crystaux. J'exposerai dans la suite mes conjectures sur la manière de résoudre la difficulté que présentent ces espèces de structures mixtes, et l'on verra d'ailleurs que cette difficulté ne touche point au fonds de la théorie.

IIe. Division. *Loix de décroissement.*

La forme primitive et celle des molécules intégrantes étant déterminées ; d'après la dissection des crystaux, il falloit chercher les loix suivant lesquelles ces molécules étoient combinées, pour produire autour de la forme primitive ces espèces d'enveloppes terminées si régulièrement, et d'où résultoient des polyèdres si différens entr'eux, quoiqu'originaires d'une même substance. Or, tel est le mécanisme de la structure soumise à ces loix, que toutes les parties du crystal secondaire sur-ajoutées au noyau, sont formées de lames qui décroissent régulièrement par des soustractions d'une ou plusieurs rangées de molécules intégrantes, ensorte que la théorie détermine le nombre de ces rangées, et par une suite nécessaire, la forme exacte du crystal secondaire.

Pour donner une idée de ces loix, je choisirai d'abord un exemple très-simple et très-élémentaire. Concevons que EP (fig. 2.) représente un dodécaëdre dont les faces soient des rhombes égaux et semblables, et que ce dodécaëdre soit une forme secondaire qui ait un cube pour noyau ou pour forme primitive. On jugera aisément de la position de ce cube par l'inspection de la fig. 3, où l'on voit que les petites diagonales DC, CG, GF, FD de quatre faces du dodécaëdre réunies autour d'un même angle solide L forment un quarré CDFG. Or, il y a six angles solides composés de quatre plans, savoir les angles L, O, E, N, R, P (fig. 2.), et par conséquent si l'on fait passer des sections par les petites diagonales des faces qui concourent à la formation de ces angles solides, on mettra successivement à découvert six quarrés, qui seront les faces du cube primitif, et dont trois sont représentés figure 3, savoir CDFG, ABCD, BCGH.

Ce cube seroit évidemment un assemblage de molécules intégrantes cubiques, et il faudroit que chacune des pyramides, telle que LDCGF (fig. 3.), qui reposent sur ses faces, fût elle-même composée de cubes égaux entr'eux, et à ceux qui formeroient le noyau.

Pour mieux faire concevoir comment cela peut avoir lieu, je vais indiquer le moyen d'exécuter un dodécaëdre factice, en employant un certain nombre de petits cubes, dont l'assortiment soit une imitation de celui des molécules employées par la nature à la formation du dodécaëdre que nous considérons ici.

Soit ABGF (fig. 4.) un cube composé de 729 petits cubes égaux entr'eux, auquel cas chaque face du cube total renfermera 81 quarrés, 9 sur chaque côté, lesquels seront les faces extérieures d'autant de cubes partiels représentatifs des molécules. Le cube dont il s'agit sera le noyau du dodécaëdre que nous nous proposons de construire.

Sur l'une des faces, telle que ABCD, de ce cube, appliquons une lame quarrée composée de cubes égaux à ceux qui forment le noyau, mais qui ait, vers chaque bord, une rangée de cubes de moins que si elle étoit de niveau avec les faces adjacentes BCGH, DCGF, etc. c'est-à-dire que cette lame ne sera composée que de 49 cubes, 7 sur chaque côté, ensorte que si sa base inférieure est *ongf* (fig. 5), cette base tombera exactement sur le quarré marqué des mêmes lettres, fig. 4.

Au-dessus de cette première lame, plaçons-en une seconde, composée de 25 cubes, cinq sur chaque côté, ensorte que si *lmpu* (fig. 6.) représente sa base inférieure, cette base se trouve située précisément au-dessus du quarré désigné par les mêmes lettres (fig. 4.)

Appliquons de même une troisième lame sur la seconde, mais qui ne renferme que 9 cubes, trois sur chaque côté, de manière que *vxyr* (fig. 7.) étant sa base inférieure, cette base réponde au quarré marqué des mêmes lettres (fig. 4); enfin sur le quarré *r* du milieu, dans la lame précédente, posons le petit cube *r* (fig. 8.), qui représente la dernière lame.

Il est aisé de voir que, par cette opération, nous aurons formé au-dessus de la face ABCD (fig. 4.) une pyramide quadrangulaire, dont cette même face sera la base, et qui aura le cube *r* (fig. 8.) pour sommet. Si nous faisons la même opération sur les cinq autres faces du cube (fig. 4.), nous aurons en tout six pyramides quadrangulaires, qui reposeront sur les six faces du noyau qu'elles envelopperont de toutes parts. Mais comme les différentes assises, ou les lames qui composent ces pyramides, se dépassent mutuellement d'une certaine quantité, ainsi qu'on le voit fig. 9 où les parties élevées au-dessus des plans BCD, BCG, représentent les deux pyramides qui reposent sur les faces ABCD, BCGH (fig. 4.), les faces des pyramides ne formeront pas des plans continus; elles seront alternativement rentrantes et saillantes, et imiteront en quelque sorte un escalier à quatre faces.

Imaginons maintenant que le noyau soit composé d'un nombre incomparablement plus grand de cubes presqu'imperceptibles, et que les lames appliquées sur ses différentes faces, que j'appellerai désormais *lames de superposition*, aillent de même en diminuant vers leurs quatre bords, par des soustractions d'une rangée de cubes égaux à ceux du noyau, le nombre de ces lames se trouvera aussi sans comparaison plus grand que dans l'hypothèse précédente; en même-tems les cannelures qu'elles formeront, par les rentrées et saillies alternatives de leurs bords, seront à peine sensibles; et l'on peut même supposer les cubes composans si petits, que ces cannelures deviennent nulles pour nos sens, et que les faces des pyramides paroissent parfaitement unies.

Maintenant DCBE (fig. 9.) étant la pyramide qui repose sur la face ABCD (fig. 4.), et CBOG

(fig. 9.) la pyramide appliquée sur la face voisine BCGH (fig. 4.) , si l'on considère que tont est uniforme depuis E jusqu'en O , (fig. 9.) dans la manièrė dont les bords des lames de superposition se dépassent mutuellement, on concevra que la face CEB de la première pyramide doit se trouver exactement sur le même plan que la face COB de la pyramide adjacente, ensorte que l'assemblage de ces deux faces formera un rhombe ECOB. Or nous avions, pour les six pyramides, vingt-quatre triangles semblables à CEB , qui , par conséquent, se réduiront à douze rhombes ; d'où résultera un dodécaëdre semblable à celui qui est représenté (fig. 2 et 3.), et ainsi le problême est résolu.

Le cube, avant d'arriver à la forme du dodécaëdre, passe par une multitude de modifications intermédiaires, dont l'une est représentée fig. 10. On y voit que les quarrés *paeo*, *klqu*, *mnts*, etc. répondent aux quarrés ABCD, DCGF, CBHG, etc. (fig. 3.) et forment les bases supérieures d'autant de pyramides incomplettes, par le défaut des lames qui devoient les terminer. Les rhombes EDLC, ECOB, ect. (fig. 2.) par une suite nécessaire se réduisent à de simples hexagones *ae*C*lk*D, *eo*B*nm*C, etc. et la surface du crystal secondaire est composée de douze de ces hexagones

gones et de six quarrés. Ce cas est celui du Borate magnesio-calcaire (Spath boracique), abstraction faite de quelques facettes qui remplacent les angles solides, et qui tiennent à une autre loi de décroissement, dont nous parlerons dans la suite.

Si le décroissement des lames de superposition s'étoit fait suivant une loi plus rapide; par exemple, si chaque lame avoit eu, sur son contour, deux, trois, ou quatre rangées de cubes de moins que la lame inférieure, les pyramides produites autour du noyau, par ce décroissement, étant plus surbaissées, et leurs faces adjacentes ne pouvant plus être de niveau, la surface du solide secondaire auroit été composée de 24 triangles isocèles, tous inclinés les uns sur les autres.

Supposons maintenant que les décroissemens aient lieu en même-tems de deux manières différentes; c'est-à-dire, par des soustractions de deux rangées parallèlement aux bords AB et CD (fig. 4.), et d'une seule rangée parallèlement aux bords AD et BC. Supposons de plus que chaque lame n'ayant que l'épaisseur d'un petit cube du côté de AB et de CD, ait au contraire une épaisseur double du côté de AD et de BC. La figure 11 représente cette disposition, relativement aux décroissemens qui ont DC et BC (fig. 4.) pour lignes de départ. Dans cette hypothèse, il est clair qu'à cause du décroissement plus rapide en partant de DC ou AB, que de BC ou AD, les faces produites en vertu du premier, s'inclineront davantage sur le plan ABCD, tandis que les faces produites par le second, resteront, pour ainsi dire, en arrière, en sorte que la pyramide ne sera plus terminée par un cube unique E (fig. 9), qui, à cause de son extrême petitesse, paroît n'être qu'un point, mais par la rangée de cubes MNST (fig. 11.), laquelle, en supposant aussi ces cubes presque infiniment petits, offrira l'apparence d'une simple arrête. Par une suite nécessaire, la pyramide aura pour faces deux trapezès, telles que DMNC résultant du premier décroissement, et deux triangles isocéles tels que CNB, qui seront l'effet du second décroissement (1).

Concevons de plus que, par rapport aux lames de superposition qui s'élèvent sur la face BCGH (fig. 4.), les décroissemens suivent les mêmes loix, mais par des directions croisées, de manière que le plus rapide des deux ait lieu en allant de BC ou de GH vers le sommet de la pyramide, et le plus lent en allant de CG ou de

(1) Ici la face qui répond à ABCD (fig. 4.) 25 quarrés sur chaque coté, comme on le voit dans la figure 11, et l'on pourra aussi imiter artificiellement la structure de la pyramide dont il s'agit, en se réglant sur l'ordre et le nombre des cubes représentés par la même figure.

BH vers le même sommet. La pyramide qui résultera de ces décroisemens, sera placée en sens opposé de celle qui repose sur ABCD, et aura la situation indiquée fig. 14, où l'on voit que l'arête KL qui termine la pyramide, au-lieu d'être parallèle à CD, comme l'arête MN (fig. 11 et 12), est au contraire parallèle à BC. Enfin on concevra ce qu'il y auroit à faire, pour que la pyramide qui reposera sur DCGF (fig. 4.), soit tournée comme le représente la fig. 13, et ait son arête terminale PR parallèle à CG (fig. 4.). Je ne dis rien des pyramides qui reposeront sur les trois autres faces du cube, parce qu'il est évident que chacune de ces pyramides doit être tournée comme celle qui s'élève sur la face opposée.

Or comme les décroissemens qui donnent le triangle CNB (fig. 12), font continuité avec ceux d'où résulte le trapèze CBKL (fig. 14), ces deux figures seront sur un même plan, et formeront un pentagone CNBKL (fig. 15.). Par la même raison, le triangle DPC (fig. 13.) sera de niveau avec le trapèze DMNC (fig. 12.), et, en raisonnant de la même manière des autres pyramides, on concevra que les six pyramides ayant pour faces en total douze trapezès et douze triangles, la surface du solide secondaire sera composée de douze pentagones, qui répondront aux douze rhombes de la fig. 2, avec cette différence qu'ils auront d'autres inclinaisons. Ce solide est représenté seul (fig. 16.), et avec son noyau cubique (fig. 17), où l'on voit comment il faudroit s'y prendre pour extraire ce noyau. Par exemple, si vous faites une section qui passe par les points D, C, G, F, vous détacherez la pyramide qui repose sur la face DCGF du noyau, laquelle sera mise à découvert par cette section.

On trouve parmi les crystaux qui appartiennent soit au sulfure de fer (la pyrite martiale) soit à l'arseniate de Cobalt (la mine de cobalt arsenicale de Tunaberg), un dodécaèdre dont les faces sont des pentagones égaux et semblables, et dont le noyau est un cube situé comme nous venons de le dire. Mais il y a une infinité de dodécaèdres possibles, qui auroient tous pour faces des pentagones égaux et semblables, et différeroient entr'eux par les inclinaisons respectives de leurs faces. Parmi tous ces dodécaèdres, celui dont la structure seroit soumise aux loix qui viennent d'être exposées, donne 127^{d} $56'$ $8''$, pour la valeur de l'inclinaison de deux quelconques DPRFS, CPRGL (fig. 16) de ses faces, sur l'arête de jonction PR, ainsi qu'on le démontre aisément par le calcul (1). Or quoiqu'on ne puisse se

(1) Voyez les Mém. de l'Ac. des Sc. an. 1785.

flatter d'atteindre à la précision des secondes, ni même à celle des minutes, en mesurant le même angle sur la pyrite dodécaëdre, cette mesure prise avec toute l'attention possible, approche si visiblement du résultat donné par le calcul, qu'on doit regarder ce résultat comme la véritable limite de l'approximation trouvée à l'aide de l'instrument, et conclure que la théorie est parvenue à une précision rigoureuse. Ce que je dis ici a lieu également pour tous les autres résultats de la théorie, comparés à ceux du calcul, et il est visible que si cette théorie étoit fausse, elle conduiroit à des écarts que l'instrument ne manqueroit pas de rendre sensibles, par les grandes différences qu'il donneroit entre les angles calculés et les angles mesurés.

M. Verner et M. Romé de l'Isle ont confondu le dodécaëdre de la pyrite avec le dodécaëdre régulier de la géométrie, dans lequel chaque pentagone a tous ses côtés égaux, et tous ses angles pareillement égaux (1). Si ces deux minéralogistes célèbres eussent mis plus de géométrie dans leur manière de considérer les crystaux, ils auroient apperçu une distinction très-marquée entre ces deux dodécaëdres, puisque le régulier

(1) Traité des caract. des fossiles, pag. 184. Voyez aussi la Crystal. de M. de l'Isle, t. 3, p. 232 et 233.

ne donne que 116^{d} 33′ 54″ pour l'inclinaison respective de ses pentagones, ce qui fait une différence d'environ 11^{d} $\frac{1}{4}$ avec la valeur indiquée plus haut. Il y a mieux, c'est qu'aucune loi de décroissement n'est susceptible de produire le dodécaëdre régulier, quelque composé qu'on l'imagine, ainsi que je l'ai démontré ailleurs (1), relativement à un noyau cubique, et que je puis le démontrer aujourd'hui généralement pour un noyau d'une forme quelconque. On peut juger, d'après ces détails, combien l'usage du calcul est important, soit pour garantir la vérité de la théorie, soit pour tracer les bornes qui circonscrivent la marche de la crystallisation.

Nous avons donc déjà deux espèces de dodécaëdres, l'un à faces rhombes, l'autre à faces pentagonales, produits sur un noyau cubique, en vertu de deux loix simples et régulières de décroissement, parallèlement aux arêtes du noyau. On peut construire, en faisant varier ces loix de diverses autres manières, une multitude de nouveaux polyèdres qui auront le même noyau.

Les décroissemens parallèles aux bords des lames de superposition, tels que nous les avons

(1) Mém. de l'Ac. des Sc. an. 1785, pag. 223.

considérés jusqu'ici, ne suffisent pas pour expliquer toutes les transformations des crystaux. L'observation indique qu'il se fait aussi des décroissemens parallèles aux diagonales. C'est ce qu'il faut exposer avec un certain détail.

Soit ABCD (fig. 18), la surface supérieure ou inférieure d'une lame composée de petits cubes, dont les bases sont représentées par les quarrés qui sousdivisent le quarré total. Si l'on considère la suite des cubes auxquels appartiennent les quarrés *a*, *b*, *c*, *d*, *e*, *f*, *g*, *h*, *i*, il est évident que tous ces cubes seront sur la diagonale menée de A en C, et qu'ils formeront une même file (fig. 19.), laquelle ne différera de la file des cubes *a*, *n*, *q*, *r'*, *s'*, *t'*, *u'*, *z'*, *x'* (fig. 18.), qui est dans le sens du bord AD, qu'en ce que, dans la première, les cubes ne se touchent que par une de leurs arêtes, au-lieu que, dans la seconde, ils se touchent par une de leurs faces. On observera de même, dans toute l'étendue de la lame, des files de cubes parallèles à la diagonale, et dont l'une est indiquée par la suite des lettres *q*, *v*, *k*, *u*, *x*, *y*, *z*, une autre par celle des lettres *n*, *t*, *l*, *m*, *p*, *o*, *r*, *s*, et ainsi des autres.

On peut donc concevoir que les lames de superposition, au-lieu de se dépasser mutuellement d'une ou plusieurs rangées de cubes, parallèment à l'arête, se dépassent au contraire parallèlement à la diagonale, et l'on construira de même, autour d'un noyau cubique, des solides de diverses figures, en plaçant successivement au-dessus des différentes faces de ce noyau, des lames qui s'éleveront en formes de pyramides, et qui subiront l'espèce de décroissement que nous venons d'indiquer. Les faces de ces solides ne seront pas simplement sillonnées par des stries, comme lorsque les lames décroissent vers les arêtes. Elles seront hérissées d'une infinité de saillies formées par les pointes extérieures des cubes composans, ce qui est une suite nécessaire de la figure continuement anguleuse qu'offrent les bords des lames de superposition. Mais toutes ces pointes étant situées de niveau, on peut supposer d'ailleurs les cubes si petits, que les faces du solide paroissent former autant de plans lisses et continus.

Rendons tout ceci sensible par un exemple. Soit proposé de construire autour du cube ABGF (fig. 20.), considéré comme noyau, un solide secondaire, dans lequel les lames de superposition décroissent de tous les côtés, par une simple rangée de cubes, mais parallèlement aux diagonales. Soit ABCD (fig. 21), la base supérieure du noyau, sous-divisée en 81 petits quarrés qui représentent

représentent les faces extérieures d'autant de molecules. Ce que nous dirons relativement à cette base pourra s'appliquer aux cinq autres faces du cube.

La fig. 22 représente la surface supérieure de la première lame de superposition, qui doit être placée au-dessus de ABCD (fig. 21.), de manière que le point *a'* réponde au point *a*, le point *b'* au point *b*, le point *c'* au point *c*, et le point *d'* au point *d*. On voit d'abord, par cette disposition, que les quarrés A*a*, B*b*, C*c*, D*d* (fig. 21.) restent à vuide, ce qui met en exécution la loi de décroissement indiquée. On voit de plus que les rebords QV, ON, IL, GF (fig. 22.) dépassent d'une rangée les rebords AB, AD, CD, BC (fig. 20), ce qui est nécessaire, pour que le noyau soit enveloppé vers ces mêmes bords. Car on concevra, avec un peu d'attention, que si cela n'étoit pas, c'est-à-dire, si les bords de la lame représentée (fig. 22) ainsi que des suivantes, coïncidoient avec les lignes ST, EZ, YX, MU, auquel cas ils seroient de niveau avec AD, AB, CD, BC (fig. 21), il se formeroit des angles rentrans vers les parties analogues du crystal. Ainsi, dans les lames appliquées sur ABCD (fig. 20), tous les bords qui répondroient à CD, seroient de niveau avec CDFG, dont ils formeroient le prolongement, et dans les lames appliquées sur DCFG, tous les bords analogues à la même arête CD seroient de niveau avec ABCD, d'où résulteroit nécessairement un angle rentrant opposé à l'angle saillant que forment les deux faces ABCD et CDFG. Or, les angles rentrans paroissent exclus par les loix qui déterminent la formation des crystaux simples. Le solide s'accroîtra donc dans les parties auxquelles le décroissement ne s'étend pas. Mais comme ce décroissement suffit seul pour déterminer la forme du crystal secondaire, on peut faire abstraction de toutes les autres variations qui n'interviennent que subsidiairement, excepté lorsqu'on veut, comme dans le cas présent, construire artificiellement un solide représentatif d'un crystal, et se rendre compte à soi-même de tous les détails relatifs à la structure de ce crystal.

La surface supérieure de la seconde lame sera semblable à A'G'L' K' (fig. 23), et il faudra placer cette lame au-dessus de la précédente, de manière que les points *a''*, *b''*, *c''*, *d''* répondent aux points *a'*, *b'*, *c'*, *d'* (fig. 22), ce qui laisse à vuide les quarrés qui ont leurs angles extérieurs situés en Q, S, E, O, V, T, M, G, etc. et continue d'effectuer le décroissement par une rangée. On voit encore ici que le solide s'accroît successivement vers les bords analogues à AB, BC, CD, AD (fig. 21.), puisqu'entre A' et L', par exemple, (fig. 23) il y a treize quarrés, au-lieu qu'il n'y en a que onze entre QV et LI (fig. 22.). Mais comme l'effet du décroissement resserre de plus en plus la surface des lames, dans le sens des diagonales, il n'est plus besoin que d'ajouter vers les bords non décroissans un seul cube désigné par A', G', L' ou K' (fig. 23), au-lieu des cinq qui terminent la lame précédente, le long des lignes QV, GF, LI, ON (fig. 22.)

Les grandes faces des lames de superposition qui, jusqu'alors étoient des octogones QVGFI LNO (fig. 22.) étant parvenues à la figure du quarré A'G'L'K' (fig. 23) (1), décroîtront, passé ce terme, de tous les côtés à-la-fois, ensorte que la lame suivante aura, pour sa grande face supérieure, le quarré B'M'I'S' (fig. 24), moindre d'une rangée dans tous les sens que le quarré A'G'L'K' (fig. 23) : on disposera ce quarré au-dessus du précédent, de manière que les points *e'*, *f'*, *g'*, *k'* (fig. 24.) répondent aux points *e*, *f*, *g*, *k* (fig. 23.)

(1) Dans le cas présent, cette figure a lieu dès la seconde lame de superposition. En prenant un noyau composé d'un plus grand nombre de molécules, il est évident qu'on auroit une limite plus reculée.

Les fig. 25, 26, 27 et 28 représentent les quatre lames qui doivent s'élever successivement au-dessus de la précédente, avec cette condition que les lettres semblables se correspondent comme ci-dessus. La dernière lame se réduira à un simple cube désigné par z' (fig. 29.), et qui doit reposer sur celui qu'indique la même lettre (fig. 28.)

Il suit de tout ce qui vient d'être dit, que les lames de superposition appliquées sur la base ABCD (fig. 20 et 21), produisent, par l'ensemble de leurs bords décroissans, quatre faces qui, en partant des points A, B, C, D, s'inclinent les unes vers les autres en forme de sommet pyramidal.

Remarquons maintenant que les bords dont il s'agit, ont des longueurs qui commencent par augmenter, comme on peut en juger par l'inspection des fig. 22 et 23, puis vont en diminuant ainsi qu'on en jugera d'après les figures suivantes. Il résulte de-là que les figures des faces produites par ces mêmes bords augmentent d'abord elles mêmes, et diminuent ensuite en largeur, de sorte qu'elles deviennent des quadrilatères. On voit (fig. 30) un de ces quadrilatères, dans lequel l'angle inférieur C se confond avec l'angle C (fig. 20) du noyau, et la diagonale LQ représente le bord L'G' de la lame A'G'L'K' (fig. 23), qui est la plus étendue dans le sens de ce même bord. Et comme le nombre des lames de superposition qui produisent le triangle LCQ (fig. 30) est moindre que celui des lames d'où résulte le triangle LZG, puisqu'il n'y a ici qu'une seule lame qui précède la lame A'G'L'K' (fig. 23), tandis qu'il y en a 6 qui la suivent jusqu'au cube z (fig. 29) inclusivement, le triangle LZQ (fig. 30) composé de la somme des bords de ces dernières lames, aura beaucoup plus de hauteur que le triangle inférieur LCQ, ainsi que l'exprime la figure.

La surface du solide secondaire sera donc formée de 24 quadrilatères, disposés trois à trois autour de chaque angle solide du noyau. Mais en conséquence du décroissement par une rangée, les trois quadrilatères qui appartiennent à chaque angle solide, tel que C (fig. 20) se trouveront sur un même plan, et formeront un triangle équilatéral ZIN (fig. 31). Donc les vingt-quatre quadrilatères produiront huit triangles équilatéraux, dont l'un est représenté (fig. 32) de manière à faire juger, au simple coup-d'œil, de l'assortiment des cubes qui concourent à le former, et le solide secondaire sera un octaëdre régulier. On voit (fig. 33) cet octaëdre dans lequel le noyau cubique est engagé, ensorte que chacun des ses angles solides C, D, F, G, etc. répond au centre d'un des triangles IZN, IPN, PIS, SIZ, etc. de l'octaëdre. On conçoit que, pour extraire ce noyau, il faudroit diviser l'octaëdre sur ses huit angles solides, par des sections parallèles aux arêtes opposées. Par exemple la section faite sur l'angle Z doit être parallèle aux arêtes IS, IN, TN, TS, d'où résultera un quarré qui sera situé lui-même parallèlement à la base supérieure ABCD du noyau, et qui se confondra avec cette base, lorsque les sections auront fait disparoître entièrement les faces de l'octaëdre.

Cette structure est celle du sulfure de plomb (la galène) octaëdre, et du muriate de soude (le sel marin) de la même forme. (1)

J'appelle *décroissemens sur les angles* ceux qui se font parallèlement aux diagonales, et *décroissemens sur les bords* ou *décroissemens sur les arêtes*, ceux qui ont des arêtes pour lignes de départ.

C'est aux loix de structure qui viennent d'être exposées, et à d'autres semblables, que tiennent toutes les métamorphoses que subissent les crystaux. Tantôt les décroissemens se font à-la-fois sur tous les bords ou sur tous les angles, comme

(1) Voyez l'essai d'une théorie, etc. pag. 60 et suiv.

dans le cas du dodécaëdre à plans rhombes, que j'ai cité pour premier exemple, et dans celui de l'octaëdre régulier dont je viens de parler. Tantôt ils n'ont lieu que sur certains bords ou sur certains angles. Tantôt les décroissemens sur les bords se combinent avec ceux qui s'opèrent sur les angles. Par exemple, si les deux décroissemens qui nous ont donné l'un le dodécaëdre à faces pentagonales (fig. 16), l'autre l'octaëdre régulier (fig. 32), concourent dans une même crystallisation, il en résultera un solide à 20 faces triangulaires (fig. 34), dont 12 telles que PSR, PLR, LNK, LUK seront isocèles, et proviendront de la même loi qui produit le dodécaëdre, et les huit autres telles que NPL, MPS, LRU, etc. seront équilatérales, et résulteront de la loi qui donne l'octaëdre. Les douze premières répondront aux pentagones PDSFR, PCLGR, LCNBK, LKHUG, etc. (fig. 15) et les huit autres remplaceront les angles solides C, D, G, etc. qui se confondent avec ceux du noyau (1). Si au contraire la loi d'où dépend l'octaëdre régulier concourt avec celle qui a lieu dans le polyëdre représenté fig. 10, les angles solides D,B,H,F, etc. se trouveront remplacés par autant de facettes

(1) Mém. de l'acad. des sciences, an. 1785, p. 222.

hexagonales, comme cela a lieu dans une variété du Borate magnesio-calcaire. Mais je reviendrai dans un autre article sur la structure des crystaux de cette espèce.

Il y a certains crystaux dans lesquels les décroissemens sur les angles ne se font point suivant des lignes parallèles aux diagonales, mais parallèlement à des lignes situées entre ces diagonales et les bords. C'est ce qui arrive lorsque les soustractions ont lieu par des rangées de molécules doubles, triples, etc. La fig. 35 offre un exemple des soustractions dont il s'agit, et l'on y voit que les molécules se combinent comme si de deux il ne s'en formoit qu'une, ensorte qu'il ne faut que concevoir le crystal composé de parallélipipèdes dont les bases soient égales aux petits rectangles *abcd*, *edfg*, *hgil*, etc. pour faire rentrer ce cas dans celui des décroissemens ordinaires sur les angles. Je donnerai à cette espèce particulière de décroissemens le nom de *décroissemens intermédiaires*.

Dans d'autres crystaux, les décroissemens, soit sur les bords, soit sur les angles, varient suivant des loix dont le rapport ne peut être exprimé que par la fraction $\frac{2}{3}$ ou $\frac{3}{4}$. Il peut arriver, par exemple, que chaque lame dépasse la suivante de deux rangées, parallèlement aux arêtes, et qu'elle ait

en

en même-tems une hauteur triple de celle d'une molécule simple. La fig. 36 représente une coupe géométrique verticale d'une des espèces de pyramides qui résulteroient de ce décroissement, dont on concevra aisément l'effet, en considérant que AB est une ligne horizontale prise sur la base supérieure du noyau, *bazr* la coupe de la première lame de superposition, *gfen* celle de la seconde, etc. J'appelle *décroissemens mixtes* ceux qui présentent cette nouvelle espèce d'exception aux loix les plus simples.

Ces décroissemens, ainsi que les intermédiaires, existent d'ailleurs rarement, et c'est particulièrement dans certaines substances métalliques que je les ai reconnus. Ayant essayé d'appliquer à des variétés de ces substances les loix ordinaires, je trouvois de si grandes erreurs dans la valeur de leurs angles, que je crus d'abord qu'elles échappoient à la théorie. Mais dès que l'idée de donner à cette théorie l'extension dont je viens de parler se fut présentée, je parvins à des résultats si précis, qu'il ne me resta aucun doute sur l'existence des loix dont ces résultats dépendent.

Si le nombre des rangées soustraites étoit très-variable, si, par exemple, il y avoit des décroissemens par douze, vingt, trente, quarante, etc.

rangées, comme cela seroit absolument possible, la multitude des formes qui pourroient exister dans chaque espèce de minéral seroit immense, et auroit de quoi effrayer l'imagination. Mais la force qui opère les soustractions paroît avoir une action très-limitée. Le plus souvent ces soustractions se font par une ou deux rangées de molécules. Je n'en ai point encore observé qui allassent au-delà de quatre rangées, ensorte que s'il en existe, elles doivent avoir lieu très-rarement dans la nature. Et cependant malgré ces limites étroites entre lesquelles les loix de la crystallisation sont resserrées, j'ai trouvé, en me bornant aux deux loix les plus ordinaires, c'est-à-dire à celles qui produisent les soustractions par une ou deux rangées, que le Spath calcaire étoit susceptible de deux mille quarante-quatre formes différentes (1), quantité qui l'emporte plus de cinquante fois sur le nombre des formes connues.

Les stries ou cannélures que l'on remarque sur la surface d'une multitude de crystaux, offrent une nouvelle preuve en faveur de la théorie, en

(1) Dans mon essai, pag. 217 et suiv. je n'avois porté le nombre de ces formes qu'à 1019, parce que je n'avois point fait entrer comme élément, dans le calcul, une modification de la loi des décroissemens, dont je ne connoissois par encore l'existence.

ce qu'elles ont toujours des directions parallèles aux rebords des lames de superposition, qui se dépassent mutuellement, à moins qu'elles ne proviennent de quelque défaut particulier de régularité. Ce n'est pas que les inégalités qui résultent des décroissemens, dussent être sensibles, si la forme des crystaux avoit toujours le fini dont elle est susceptible. Car à cause de l'extrême petitesse des molécules, la surface paroîtroit d'un beau poli, et les stries seroient nulles pour nos sens. Aussi y a-t-il des crystaux secondaires où l'on ne les apperçoit en aucune manière, tandis qu'elles sont très-visibles sur d'autres crystaux de la même nature et de la même forme. C'est que l'action des causes qui produisent la crystallisation n'ayant pas joui pleinement, dans ce dernier cas, de toutes les conditions nécessaires pour la perfection de cette opération si délicate de la nature, il y a eu des sauts et des interruptions dans leur marche, ensorte que la loi de continuité n'ayant point été exactement observée, il est resté sur la surface du crystal des vuides sensibles pour nos yeux. Au reste, on voit que ces espèces de petites déviations ont cet avantage, qu'elles indiquent le sens suivant lequel sont aussi alignées les stries sur les formes parfaites où elles échappent à nos organes, et contribuent ainsi à nous dévoiler le véritable mécanisme de la structure.

Les petits vuides que laissent sur la surface des crystaux secondaires même les plus parfaits les bords des lames de superposition, par leurs angles rentrans et saillans, fournissent aussi une solution satisfaisante de la difficulté dont j'ai parlé plus haut, et qui consiste en ce que les fragmens obtenus par la division, dont les facettes extérieures font partie des faces du crystal secondaire, ne sont point semblables à ceux que l'on retire de l'intérieur. Car cette diversité, qui n'est qu'apparente, vient de ce que les facettes dont il s'agit sont composées d'une multitude de petits plans réellement inclinés entr'eux, mais qui, à cause de leur petitesse, présentent l'aspect d'un plan unique, ensorte que si la division pouvoit atteindre sa limite, tous ces fragmens se résoudroient en molécules semblables entr'elles et à celles qui sont situées vers le centre.

La fécondité des loix d'où dépendent les variations des formes crystallines ne se borne pas à produire une multitude de formes très-différentes avec les mêmes molécules. Souvent aussi des molécules de diverses figures s'arrangent de manière qu'il en résulte des polyèdres semblables, dans différentes espèces de minéraux. Ainsi le dodécaëdre à plans rhombes que nous avons obtenu en combinant des molécules cubiques, existe dans le grenat avec une structure composée de petits tétraëdres à faces triangulaires isocèles (1), et je l'ai retrouvé dans le Spath fluor, où il est aussi un assemblage de tétraëdres, mais réguliers, c'est-à-dire dont les faces sont des triangles équilatéraux. Il y a plus, c'est qu'il est possible que des molécules semblables produisent une même forme crystalline, par des loix différentes de décroissement (2). Enfin le calcul m'a conduit à un autre résultat qui m'a paru encore plus remarquable; c'est qu'il peut exister en vertu d'une loi simple de décroissement, un crystal qui, à l'extérieur, ressembleroit totalement au noyau, c'est-à-dire à un solide qui ne résulte d'aucune loi de décroissement (3).

III. *Nombre des formes primitives.*

Dans les exemples cités ci-dessus, j'ai choisi pour noyau le cube, à cause de la simplicité de de sa forme. J'ai trouvé jusqu'ici que toutes les formes primitives se réduisoient à six, qui sont, le parallélipipède en général, lequel comprend le cube, le rhomboïde et tous les solides ter-

(1) Essai d'une théorie, etc. pag. 169 et suiv.

(2) Mém. de l'acad. an. 1789. (3) *Ibid.*

minés par six faces parallèles deux à deux ; le tétraëdre régulier ; l'octaëdre à faces triangulaires, le prisme hexagonal, le dodécaëdre à plans rhombes, et le dodécaëdre à plans triangulaires isocèles.

Parmi ces formes, il y en a qui se retrouvent comme noyau, avec les mêmes mesures d'angles, dans différentes espèces de minéraux. On en sera moins surpris, si l'on considère que ces noyaux sont composés en dernier ressort de molécules élémentaires, et qu'il est possible qu'une même forme de noyau soit produite, dans une première espèce, par tels élémens, et dans une seconde espèce, par tels autres élémens combinés d'une manière différente, comme nous voyons des molécules intégrantes, les unes cubiques, les autres tétraëdres, produire des formes secondaires semblables, en vertu de diverses loix de décroissement. Mais ce qui est digne d'attention, c'est que toutes les formes identiques qui se sont rencontrées jusqu'ici, comme noyaux, dans des espèces différentes, sont du nombre de celles qui ont un caractère particulier de perfection et de régularité, comme le cube, l'octaëdre régulier, le tétraëdre régulier, le dodécaëdre à plans rhombes égaux et semblables. Ces formes sont des espèces de limites auxquelles la nature arrive par différentes routes, tandis que chacune des formes placées entre ces limites, semble être affectée à une espèce unique, du moins à en juger d'après l'état actuel de nos connoissances.

IV. *Formes des molécules ordinaires.*

La forme primitive est celle que l'on obtient par des sections faites sur toutes les parties semblables du crystal secondaire, et ces sections continuées parallèlement à elles-mêmes, conduisent à déterminer la forme des molécules intégrantes, dont le crystal entier est l'assemblage. Ceci exige certaines considérations qui touchent au point le plus délicat de la théorie, et que je vais exposer le plus clairement que me le permettront les bornes dans lesquelles je suis obligé de me renfermer.

Il n'y a point de crystal dont on ne puisse extraire pour noyau un parallélipipède, en se bornant à six sections parallèles deux à deux. Dans une multitude de substances, ce parallélipipède est le dernier terme de la division mécanique, et par conséquent le véritable noyau. Mais il est certains minéraux, où ce parallélipipède est divisible, ainsi que le reste du crystal, par des coupes ultérieures faites dans des sens différens de ses faces, et il en résulte nécessairement un nouveau solide qui sera le noyau, si toutes les parties du crystal secondaire surajoutées à ce noyau sont semblablement situées. Lorsque la division mécanique conduit à un parallélipipède divisible seulement par des coupes parallèles à ses six faces, les molécules sont des parallélipipèdes semblables au noyau. Mais dans les autres cas, leur forme diffère de celle du noyau. C'est ce qu'il faut éclaircir par un exemple.

Soit *achsno* (fig. 37) un cube ayant deux de ses angles solides *a*, *s*, situés sur une même ligne verticale. Cette ligne sera l'axe du cube, et les points *a*, *s*, en seront les sommets. Supposons que ce cube soit divisible par des coupes, dont chacune, telle que *ahn*, passe par l'un des sommets *a*, et par deux diagonales obliques *ah*, *an*, contiguës à ce sommet. Cette coupe détachera l'angle solide *i*, et comme il y a six angles solides situés latéralement, savoir *i*, *h*, *c*, *r*, *o*, *n*, les six coupes produiront un rhomboïde aigu, dont les sommets se confondront avec ceux du cube. La fig. 38 représente ce rhomboïde engagé dans le cube, de manière que ses six angles solides latéraux, *b*, *d*, *f*, *p*, *g*, *e*, répondent au milieu des faces *achi*, *crsh*, *hins*, etc. du cube. Or la géométrie fait voir que les angles aux sommets *bag*, *dsf*, *psf*, etc. du rhomboïde aigu sont de

60^d,

60^d, d'où il suit que les angles latéraux *abf*, *agf*, etc. sont de 120^d.

De plus, on prouve par la théorie, que le cube résulte d'un décroissement qui a lieu par une simple rangée de petits rhomboïdes semblables au romboïde aigu, sur les six arêtes obliques *ab*, *ag*, *ae*, *sd*, *sf*, *sp*. Ce décroissement produit deux faces de part et d'autre de chacune de ces arêtes, ce qui fait en tout douze faces. Mais comme les deux faces qui ont une même arête pour ligne de départ, se trouvent sur un même plan, par la nature du décroissement, les 12 faces se réduisent à six, qui sont des quarrés, ensorte que le solide secondaire est un cube. Je me borne à indiquer ici cette structure, dont le développement nous meneroit trop loin.

Imaginons maintenant que le cube (fig. 37) admette, relativement à ses sommets *a*, *s*, deux nouvelles divisions, semblables aux six précédentes, c'est-à-dire dont l'une passe par les points *c*, *i*, *o*, et l'autre par les points *h*, *n*, *r*. La première passera aussi par les points *b*, *g*, *e*, et la seconde par les points *d*, *f*, *p* (fig. 38 et 39) du rhomboïde, d'où il suit que ces deux divisions détacheront chacune un tétraèdre régulier *bage*, ou *dsfp* (fig. 39), ensorte que le rhomboïde se trouvera changé en un octaèdre régulier *ef* (fig. 40), qui sera le véritable noyau du cube; puisqu'il est produit par des divisions faites semblablement, par rapport aux huit angles solides de ce cube.

Si l'on suppose que ce même cube soit divisible dans toute son étendue, par des coupes analogues aux précédentes, il est clair que chacun des petits rhomboïdes dont il est l'assemblage, se trouvera pareillement sous-divisé en un octaëdre, plus deux tétraëdres réguliers, appliqués sur deux faces opposées de l'octaëdre.

On pourra aussi, en prenant l'octaëdre pour noyau, construire autour de ce noyau un cube, par des soustractions régulières de petits rhomboïdes complets. Si, par exemple, on conçoit des décroissemens par une simple rangée de ces rhomboïdes, qui aient le point *b* pour terme de départ, et se fassent parallèlement aux bords inférieurs *gf*, *eg*, *de*, *df*, des quatre triangles qui se réunissent pour former l'angle solide *b*, il en résultera quatre faces qui se trouveront de niveau, et comme l'octaëdre a six angles solides, des décroissemens semblables autour des cinq autres angles produiront vingt faces, qui, prises quatre à quatre, seront pareillement de niveau, ce qui fera en tout six faces distinctes, situées comme celles du cube (fig. 37), ensorte que le résultat sera précisément le même que dans le cas du rhomboïde considéré comme noyau.

De quelque manière que l'on s'y prenne, pour sous-diviser, soit le cube, soit le rhomboïde, soit l'octaëdre, on aura toujours des solides de deux formes, c'est-à-dire des octaëdres et des tétraëdres, sans jamais pouvoir réduire à l'unité le résultat de la division. Or les molécules d'un crystal étant nécessairement similaires, il m'a paru probable que la structure étoit comme criblée d'une multitude de vacuoles, occupés, soit par l'eau de crystallisation, soit par quelqu'autre substance, ensorte que s'il nous étoit donné de pousser la division jusqu'à sa limite, l'une des deux espèces de solides dont il s'agit disparoîtroit, et tout le crystal se trouveroit uniquement composé de molécules de l'autre forme.

Cette vue est ici d'autant plus admissible, que chaque octaëdre étant enveloppé par huit tétraëdres, et chaque tétraëdre étant pareillement enveloppé par quatre octaëdres, quelle que soit celle des deux formes que vous supprimiez par la pensée, les solides qui resteront se joindront exactement par leurs bords, ensorte qu'à cet égard il y aura continuité et uniformité dans toute l'étendue de la masse. On concevra aisément comment chaque octaëdre est enveloppé par huit tétraëdres, si l'on fait attention qu'en divisant le cube, fig. 37, seulement par les six coupes qui donnent le rhomboïde, on peut partir à volonté de deux quelconques *a*, *s*; *o*, *h*; *c*, *n*; *i*, *r*, des 8 angles solides, pourvu que ces deux angles soient opposés entr'eux. Or si l'on part des angles *a*, *s*, le rhomboïde aura la position indiquée fig. 39. Si au contraire on part des angles solides *o*, *h*, ces angles deviendront les sommets d'un nouveau rhomboïde (fig. 41) composé du même octaëdre que celui de la fig. 39, avec deux nouveaux tétraëdres appliqués sur les faces *bdf*, *egp* (fig. 41), qui étoient libres sur le rhomboïde de la fig. 39. Les figures 42 et 43 représentent, l'une le cas où les deux tétraëdres reposeroient sur les faces *dbe*, *fgp*, de l'octaëdre, l'autre celui où ils reposéroient sur les faces *bfg*, *dep*. On voit par là que, quels que soient les deux angles solides du cube que l'on prenne pour points de départ, on aura toujours le même octaëdre, avec deux tétraëdres contigus par leurs sommets aux deux angles solides dont il s'agit, et comme il y a huit de ces angles solides, l'octaëdre central sera circonscrit par huit tétraëdres, qui reposeront sur ses faces. Le même effet aura lieu, si l'on continue la division toujours parallèlement aux premières coupes. Donc chaque face d'octaëdre, si petit que l'on suppose cet octaëdre, est attenante à une face de tétraëdre et réciproquement. Donc aussi chaque tétraëdre est enveloppé par quatre octaëdres.

La structure que je viens d'exposer est celle du fluate calcaire (Spath fluor). En divisant un cube de cette substance, on peut à volonté en extraire des rhomboïdes ayant leurs angles plans de 120^{d}, ou des octaëdres réguliers, ou des tétraëdres pareillement réguliers. Il existe un petit nombre d'autres substances, telles que le crystal de roche (1), le carbonate de plomb (plomb spathique), etc. qui, étant divisées mécaniquement au-delà du terme où l'on aura le rhomboïde ou le parallélipipède, rendent aussi des parties de plusieurs formes différentes, assorties entr'elles d'une manière même plus compliquée que dans le Spath fluor. Ces structures mixtes jettent nécessairement de l'incertitude sur la véritable figure des molécules intégrantes qui appartiennent aux substances dont il s'agit. Cependant j'ai observé que le tétraëdre étoit toujours l'un des solides qui concouroient à la formation des petits rhomboïdes ou parallélipipèdes que l'on retiroit du crystal, par une première division. D'une autre part, il y a des

(1) Mém. de l'acad. des sciences, an. 1786, p. 78 et suiv.

substances qui, étant divisées dans tous les sens possibles, se résolvent uniquement en tétraëdres. De ce nombre sont le grenat, la blende et la tourmaline. Soit *bghndf* (fig. 44) le rhomboïde du grenat, et *as* son axe. Si l'ont fait passer deux plans coupans, l'un par l'arête *ah*, et par la diagonale oblique *hs* du rhombe inférieur *ghns*, l'autre par l'arête *ns* et par la diagonale oblique *an* du rhombe *ahnd*, ces deux plans qui passeront aussi nécessairement par l'axe *as*, détacheront un tétraëdre *sahn*, dont les faces seront des triangles isocèles égaux et semblables *ahn*, *asn*, *hns*, *has*. En faisant passer de même des plans coupans par toutes les arêtes contiguës aux sommets et par les diagonales obliques, on obtiendra six tétraëdres accolés par leurs faces, sans aucun vuide, et dont l'assemblage forme le rhomboïde.

Enfin plusieurs minéraux se divisent en prismes droits triangulaires. Telle est l'apatite dont la forme primitive est un prisme droit hexaëdre régulier, divisible parallèlement à ses bases et à ses pans, d'où résultent nécessairement des prismes droits à trois pans; comme on en jugera par la seule inspection de la fig. 45, laquelle représente une des bases du prisme hexaëdre, partagée en petits triangles équilatéraux, qui sont les bases d'autant de molécules, et qui, étant pris deux à deux, forment des prismes quadrilatères à bases rhombes.

En adoptant donc le tétraèdre, dans les cas douteux dont j'ai parlé d'abord, on réduiroit en général toutes les formes de molécules intégrantes à trois formes remarquables par leur simplicité, savoir le parallélipipède qui est le plus simple des solides dont les faces sont parallèles deux à deux, le prisme triangulaire qui est le plus simple des prismes, et le tétraèdre qui est la plus simple des pyramides. Cette simplicité pourroit fournir une raison de préférence en faveur du tétraèdre, dans le Spath fluor et les autres substances dont j'ai parlé. Au reste, je m'abstiendrai de prononcer sur ce sujet, où le défaut d'observations directes et précises ne laisse à la théorie que la voie des conjectures et des vraisemblances.

Mais l'objet essentiel est que les différentes formes auxquelles conduisent les structures mixtes dont il s'agit, sont tellement assorties, que leur assemblage équivaut à une somme de petits parallélipipèdes, comme nous avons vu que cela avoit lieu par rapport au Spath fluor, et que les lames de superposition appliquées sur le noyau, décroissent par des soustractions d'une ou plusieurs rangées de ces parallélipipèdes, ensorte que le fonds de la théorie subsiste indépendamment du choix que l'on pourroit faire de l'une ou l'autre des formes que l'on obtient, par la division mécanique.

A l'aide de ce résultat, les décroissemens que subissent les crystaux, quelles que soient leurs formes primitives, se trouvent ramenés à ceux qui ont lieu dans les substances où cette forme, ainsi que celle des molécules, sont des parallélipipèdes indivisibles, et la théorie a l'avantage de pouvoir généraliser son objet, en enchaînant à à un fait unique cette multitude de faits qui, par leur diversité, sembloient être peu susceptibles de concourir dans un point commun.

V. *Différence entre la structure et l'accroissement.*

Dans tout ce que j'ai dit des décroissemens auxquels sont soumises les lames de superposition, je n'ai eu en vue que de développer les loix de la structure, et je suis bien éloigné de croire, que dans un crystal dodécaèdre, ou de toute autre figure, qui auroit, par exemple, un cube pour noyau, ce noyau ait été d'abord formé, tel qu'on le retire du dodécaèdre, et ait ensuite passé à la figure de ce dodécaèdre, par l'application successive de toutes les lames de superposition qui le recouvrent. Il paroît prouvé, au contraire, que dès le premier instant, le crystal est déjà un très-petit dodécaèdre, qui renferme un noyau cubique

cubique proportionné à sa petitesse, et que dans les instans suivans le crystal s'accroît, sans changer de forme, par de nouvelles couches qui l'enveloppent de toutes parts, de manière que le noyau s'accroît de son côté, en conservant toujours le même rapport avec le dodécaëdre entier.

Rendons ceci sensible par un exemple tiré d'une figure plane. Ce que nous dirons de cette figure peut aisément s'appliquer à un solide, puisqu'on peut toujours concevoir une figure plane, comme une coupe prise dans un solide. Soit donc ERFN (fig. 46) un assortiment de petits quarrés, dans lequel le quarré ABCD, composé de 49 quarrés partiels, représente la coupe du noyau, et les quarrés extrêmes R, S, G, A, I, L, etc. celle de l'espèce d'escalier formé par les lames de superposition. On peut concevoir que l'assortiment ait commencé par le quarré ABCD, et que différentes files de petits quarrés se soient ensuite appliquées sur chacun des côtés du quarré central; par exemple, sur le côté AB, d'abord les cinq quarrés compris entre I et M, ensuite les trois quarrés renfermés entre L et O, puis le quarré E. Cet accroissement répond à celui qui auroit lieu, si le dodécaëdre commençoit par être un cube proportionné à son volume, et qui s'accrût ensuite par une addition de lames continûment décroissantes.

Mais, d'une autre part, on peut concevoir que l'assortiment ait été d'abord semblable à celui qui est représenté fig. 48, dans lequel le quarré *abcd* n'est composé que de neuf molécules, et ne porte sur chacun de ses côtés qu'un seul quarré *t*, *n*, *f* ou *r*, et qu'ensuite, à l'aide d'une application de nouveaux quarrés, qui se soient arrangés autour des premiers, l'assortiment soit devenu celui de la fig. 47, où le quarré central *a'b'c'd'* est formé de 25 petits quarrés, et porte sur chacun de ses côtés une file de trois quarrés, plus un quarré terminal *t'*, *n'*, *f'* ou *r'*; et qu'enfin par une application ultérieure, l'assortiment de la fig 47 se soit changé en celui de la fig. 46. Ces différens passages donneront l'idée de la manière dont les crystaux secondaires peuvent augmenter de volume, en conservant leur forme, par où l'on voit que la structure se combine avec cette augmentation de volume, ensorte que la loi suivant laquelle toutes les lames appliquées sur le noyau du crystal parvenu à ses plus grandes dimensions décroissent successivement, en partant de ce noyau, existoit déjà dans le crystal naissant.

La théorie que je viens d'exposer, semblable

en cela aux autres théories, part d'un fait principal dont elle fait dépendre tous les faits du même genre, qui n'en sont que comme les corollaires. Ce fait est le décroissement des lames sur-ajoutées à la forme primitive, et c'est en ramenant ce décroissement à des loix simples, régulières t susceptibles d'un calcul rigoureux, que la héorie parvient à des résultats dont la vérité est prouvée par la division mécanique des crystaux et par l'observation de leurs angles. Mais il resteroit de nouvelles recherches à faire, pour remonter encore de quelques pas vers les loix primitives auxquelles le Créateur a soumis la crystallisation, et qui ne sont elles-mêmes autre chose que les effets immédiats de sa volonté suprême. L'une de ces recherches auroit pour objet d'expliquer comment ces petits polyëdres, qui sont comme les rudimens des crystaux d'un volume sensible, représentent tantôt la forme primitive, sans aucune modification, tantôt une forme secondaire produite en vertu d'une loi de décroissement, et de déterminer les circonstances auxquelles tiennent les décroissemens sur les bords, et celles qui amènent les décroissemens sur les angles. Je me suis déjà occupé de la solution de ce problême aussi délicat qu'il est intéressant. Mais je n'ai encore à cet égard que des conjectures qui, pour mériter de voir le jour, demandent à être vérifiées par un travail plus suivi et plus profondément médité.

FIN.

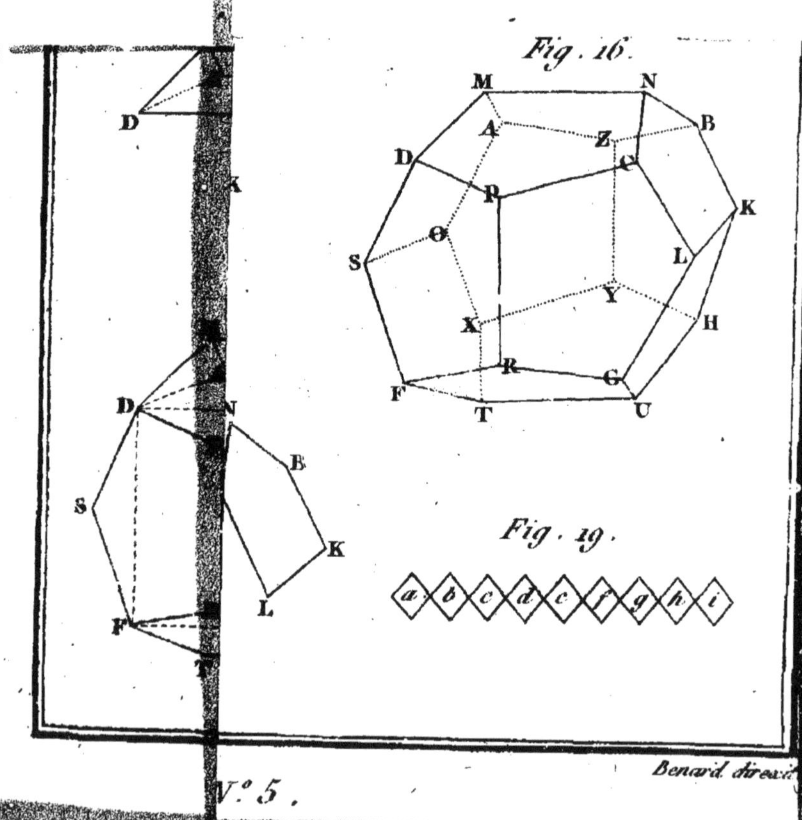

Fig. 16.

Fig. 19.

Benard direxit

N°. 5.

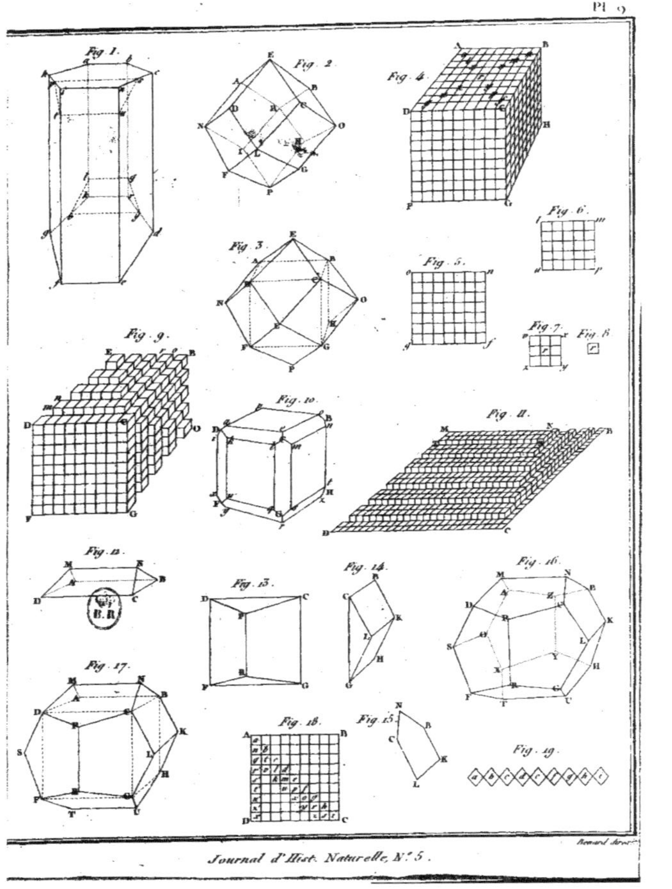

Benard direx.

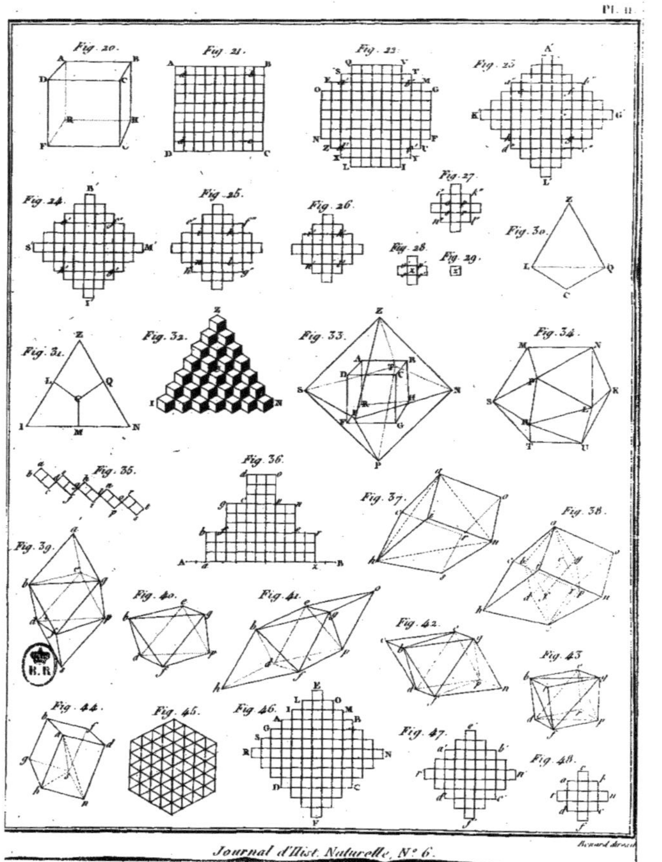
Fig. 20.
Fig. 21.
Fig. 22.
Fig. 23.
Fig. 24.
Fig. 25.
Fig. 26.
Fig. 27.
Fig. 28.
Fig. 29.
Fig. 30.
Fig. 31.
Fig. 32.
Fig. 33.
Fig. 34.
Fig. 35.
Fig. 36.
Fig. 37.
Fig. 38.
Fig. 39.
Fig. 40.
Fig. 41.
Fig. 42.
Fig. 43.
Fig. 44.
Fig. 45.
Fig. 46.
Fig. 47.
Fig. 48.

www.ingramcontent.com/pod-product-compliance
Ingram Content Group UK Ltd.
Pitfield, Milton Keynes, MK11 3LW, UK
UKHW020356220726
13923UKWH00004B/1642